おしえてカラスさん

おしえて編集室　文

はじめに

日本中、どこに暮らしていてもカラスに出会ったことがない、という人はいないのではないでしょうか。ゴミの日をよく知っていて、油断をしているとゴミ袋を破り、生ゴミを散らかし、追い払おうとすると集団で威嚇する。そんなイメージでカラスを見ている人も多いでしょう。

でもカラスにはいくつかの種類がいて、それぞれに生活圏が異なり、特徴を持っていることは意外とご存じないのではないかと思います。ちゃんとカラスの暮らしぶりや特徴を知ると、興味深い鳥だということに気づきます。

この本は、身近な鳥、カラスの特徴や暮らしぶりを、基本的なところに限定して、わかりやすく紹介しています。読み終わった後、「迷惑な鳥、カラス」というイメージが、「なかなかおもしろい鳥だな、カラスって」くらいになっていることを願ってやみません。

カラス

目次

コラム

カラスは
なんのなかま？

おおきくわけて、スズメのなかまです。

詳しくいうと、カラスと呼ばれる鳥はスズメ目カラス科カラス属に属しています。このなかまの鳥は、世界中におよそ40種類ほどいます。

またカラス属以外のカラス科には70種類ほどの鳥がいます。カケスやみごとな求愛ダンスで知られるフウチョウもここに含まれ、カラスに近いなかまといわれています。

どちらにしても、大きくわけるとスズメのなかまなのですが、スズメによく似た鳥というわけではありません。

ちなみに多くの鳥はスズメ目なのです。

日本には どんなカラスが いるの？

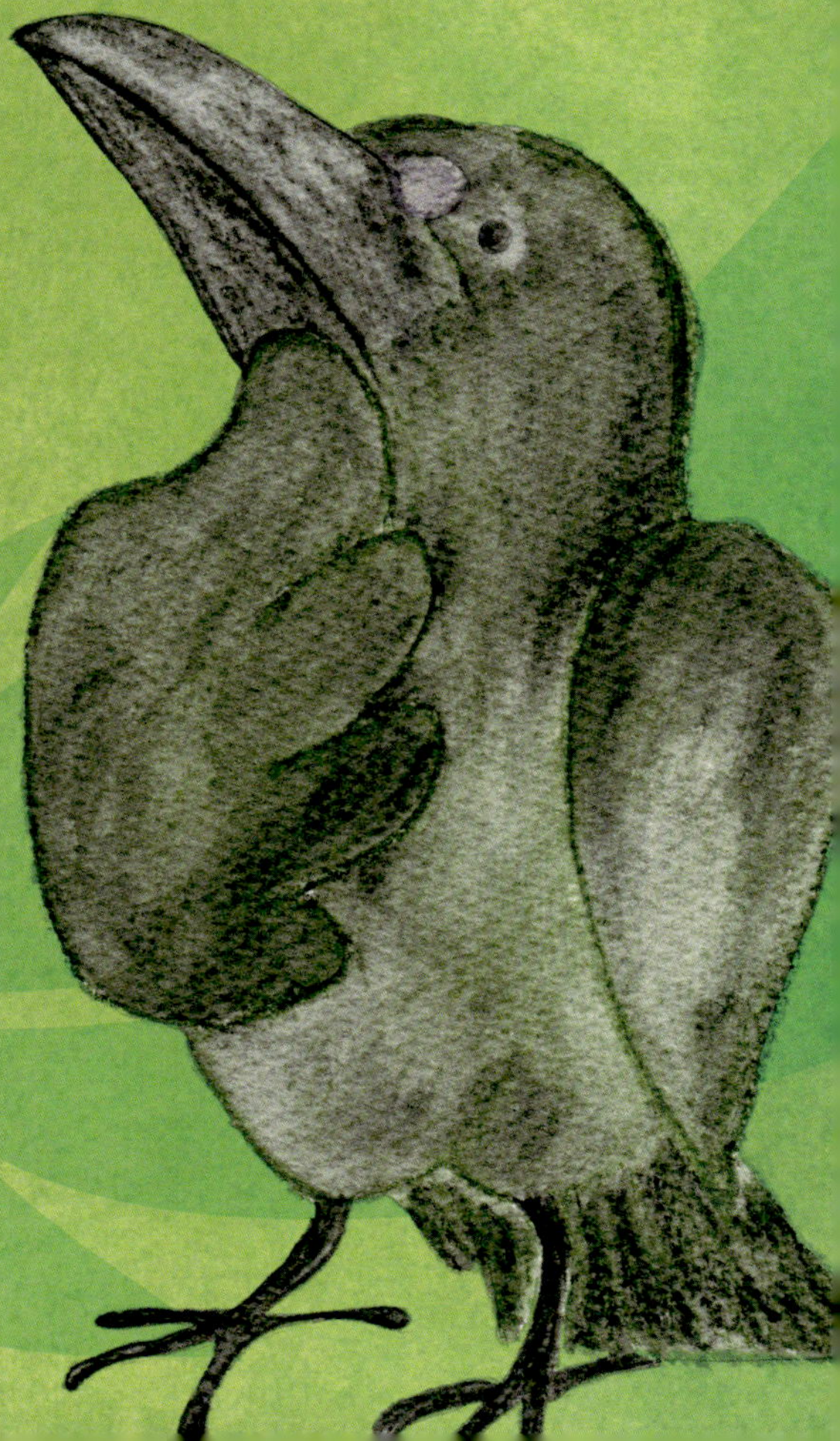

日本には
どんなカラスがいるの?

日本には7種類のカラスがいます。

世界中に40種類ほどいるカラス属の鳥たちのなかで、日本で確認されているのは7種類です。ハシブトガラス、ハシボソガラス、ミヤマガラス、コクマルガラス、ワタリガラス、そしてニシコクマルガラスとイエガラスが確認されています。

私たちが「カラス」と思い浮かべるのはハシボソガラスとハシブトガラスでしょう。

個体にもよりますが、ハシボソガラスの体長はほぼ50センチメートルくらいで、ハシブトガラスはそれより一回り大きいです。

この2種類のカラスたちは、都会でも1年中みかけることができます。

この本でも、基本的にハシブトガラスとハシボソガラスのことを紹介しています。

ミヤマガラスはハシボソガラスより少し小さくて、おとなになるとくちばしのつけ根が白くなるのが特徴です。

コクマルガラスは、ミヤマガラスよりも小さくてまるっこい体つきをしています。

また真っ黒なコクマルガラスもいれば、白と黒のコクマルガラスもいます。

ワタリガラスは、ハシブトガラスより一回り大きく、世界最大のカラスです。ユーラシア大陸から北米に生息しています。日本には冬に、北海道の道東や知床にやって来ますが、数も少ないので、なかなか見かけることはありません。

ニシコクマルガラスはヨーロッパに住んでいます。

イエガラスは東南アジアあたりに住んでいます。日本でも確認されていますが、ほんらい日本に住んでいるカラスではありません。

貨物船に乗って渡ってきたり、まいごになった鳥(迷鳥)です。

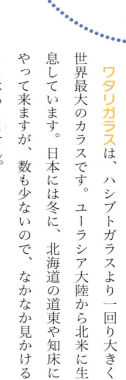

ハシボソガラスとハシブトガラスはどこで見分けるの？

もっともめだつ違いは、くちばしの形です。

ハシブトガラスとハシボソガラスの「ハシ」というのはくちばしのことをいいます。

ハシブトガラスはくちばしが太いカラスという意味です。太くてややアーチ型のくちばしが特徴です。

ハシボソガラスはくちばしが細いカラスという意味です。まっすぐに伸びた細いくちばしが特徴です。

鳴き方にもそれぞれ違いがあります。ハシブトガラスは「カァカァ」と鳴きます。ハシボソガラスは「ゴアァー、ガァー」とややしゃがれた鳴き声に聞こえます。

住んでいる地域の好みも違っています。ハシブトガラスは森林や街中にも住んでいますが、畑作地など開けた場所はあまり好きではないようです。

ハシボソガラスは畑作地や河川敷を好んで生息地に選びます。大都会にはあまりみかけませんし、山奥にもいません。

ハシボソガラス　ハシブトガラス

エサの採り方にもかなり違いがあります。ハシボソガラスは芝生や畑作地、河川敷を歩き回り、くちばしをつっこみ、草の茂みから飛び出す虫を探したり、川の石の下に潜む虫を探したりしています。

ハシブトガラスは地面を歩いている時間はとても短く、高い木の枝や電柱の上からエサのある場所をキョロキョロと探し、発見すると素早く降りてきてエサを獲るのです。

ちなみに、「かーらーぁすー、なぜなくのー」で知られる童謡「七つの子」に登場するカラスはハシブトガラスかハシボソガラスか？　という問題を本書監修の原田先生から出されました。どう思います？

歌詞のなかに「やーまぁのー、ふるすへー、いて、みて、ごらんー」とありますから、ハシブトガラスではないか、とおしえて編集部では考えています。

カラスは
みんな黒いの？

全身真っ黒のカラスばかりではありません。

世界中に40種類ほどいるカラスのなかには、全身真っ黒ではないカラスもいます。

たとえば、ハシボソガラスの亜種で、ロシアからヨーロッパにかけて分布しているズキンガラスは白と黒のまだら模様です。

日本でもみられるコクマルガラスも首からお腹にかけて白い個体がいます。そのほか、ヨーロッパからユーラシア大陸に生息しているニシコクマルガラスは黒と灰色をしています。

ニシ コクマル
ガラ
コクマルガラス
ズキン ガラス

カラスは何年くらい生きるの?

飼われているワタリガラスで60年の記録があります。

60年生きたと記録があるのはイギリスのロンドン塔で飼育されていたワタリガラスです。

日本では新潟県の愛鳥センターで飼育されていたハシボソガラスが20年ほど生きた例もあります。

野生の生きものは飼育されている同じ種類のもののおよそ半分くらいの寿命だといわれています。そうだとするとカラスは自然界では10年から30年ほど生きるのだろうと考えられます。日本で、ハシブトガラスを14年間、野外で観察したという記録があります。
でも、まだよくわかっていません。

カラスに
天敵はいますか?

カラスに天敵はいますか?

はい。います。

フクロウやタカなどの

猛禽類です。

おもに昼間に行動し、夜は眠るカラスにとって、夜間に行動する大型の猛禽類であるフクロウは天敵といえる存在です。そのため、カラスはフクロウの鳴き声にはとても敏感に反応します。

カラスにとってフクロウは危険な存在ではありますが、一方で、昼間にカラスがフクロウを攻撃し、追い払うような行動も確認されています。もしかしたら、近くに守らなくてはいけない巣があったのかもしれません。

また、日本では、カラスとさほど体格の変わらないオオタカもカラスを捕食していることが知られています。カラスを水に沈めて溺れさせるという狩りはテレビでも取り上げられ、話題になりました。

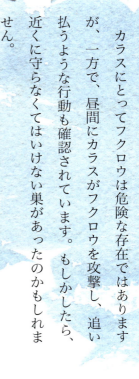

ですが、多くの場合、猛禽類は好んでカラスを狙うことはありません。カラスにとって猛禽類は天敵ですが、猛禽類にとって比較的大型なうえ、集団でいることの多いカラスは決して狩りやすい獲物ではありません。カラスが集団で攻撃を仕掛けてきたような場合には、相手をせず、さっと飛び去ってしまうことも多いようです。

河川敷などでトビがカラスの集団に追いかけ回されている様子を見たことはありませんか。トビはカラスよりもひと回りほど大きな猛禽類の仲間ですが、カラスを捕まえて食べることはありません。しかし、街中ではトビとカラスのエサ場が重なってしまうため、カラスはトビをじゃまな存在だと思っているのでしょう。カラスのエサ場にトビが入ってくると、集団で追いかけ回し、追い払おうとするようです。

カラスは
どこに住んでいるの？

ハシボソガラスは

農村や河川敷や公園など、ひかくてき見通しのよいところに、

ハシブトガラスは

森などに住んでいます。

都市部にはハシボソガラスもハシブトガラスも見かけますが、巣をかける場所やエサの探し方にはそれぞれ特徴があるようです。

ハシボソガラスは巣が外から見えても平気なようです。ですから、高圧送電線の鉄塔に巣をかけることもあります。

ハシブトガラスは山や森林など木が茂った場所を好んでねぐらにしています。

街路樹の背の高いイチョウやクスノキなどに巣をかけることがあります。子育ての季節には葉が生い茂り、外から見えにくい場所を好むようです。

どうして街はカラスにとって住みやすいの？

もともとハシブトガラスは山や森林など木が茂った場所に住んでいました。高い木の上からエサになる動物の死骸などを探し、見つけると素早く降りてきて食べていました。

こうした暮らしをしていたハシブトガラスにとって、じつは、街と山は似ているのです。街路樹や高い建物は、山に生い茂っている高い木の代わりです。定期的に出されるゴミの袋はエサとなる死骸の代わりです。

街はハシブトガラスが暮らしていた山や森林の環境とてもよく似ているのです。だから、ハシブトガラスは街の暮らしに適応しているのです。

野原や高原に住んでいるハシボソガラスにとっては、公園や河原などが住みやすい環境です。

山や森林で木が生い茂っていた場所が、切り開かれて農地などになると、ハシボソガラスにとっては住みやすくなるのです。

カラスは遠くまで
飛んで行かないの?

カラスは遠くまで
飛んで行かないの？

エサを探すために遠くまで飛ぶこともありますが、

基本的には、

渡り鳥のように

大移動することはないようです。

でも、カラスがどれくらいの距離を移動しているのか、まだわかっていないのです。

カラスがどれくらい移動するかについては、カラスが暮らしている場所によっても違います。たとえば、エサの豊富な都会に暮らしているカラスは、５キロメートルから10キロメートルほどの範囲で暮らしています。

いっぽう郊外に暮らしているカラスは、30キロメートルから60キロメートルほどを移動して、エサを探すことが確認されています。

カラスは
なにを食べるの？

高カロリー、高たんぱくの食べ物が好き。

カラスは雑食性なので、食べられるものはなんでも食べます。残飯や虫、小動物の死骸などもカラスのエサです。

市街地でゴミ収集日にゴミ袋を破って中身を散らかしているのを見かけますが、それはカラスにとってエサがそこにあるからです。油揚げやポテトチップスやおにぎりなどをゴミのなかから探して食べます。脂っこいもの、高カロリーの食物が好みのようです。

でもなんでも食べます。

おなか
へったなあ
マヨネーズ

田畑ではカエルやトカゲ、ヘビなども食べています。スズメやハト、カルガモの雛などを補食することもあります。

カラスの好きなもののひとつが果実です。サクラやクスノキなどの実をよく食べます。

カラスの巣は
どんな巣？

巣の外側は硬く丈夫に、卵を置く産座は柔らかく、をめざしているようです。

人が住んでいる街に暮らしているカラスたちは、針金ハンガーなども巣材に使っているようです。

曲げやすく丈夫なところが気に入っているのでしょう。その他に枝や荷造り用の紐などを拾ってきては巣材に使います。

卵を置く産座には藁や縄をほぐして使っているようです。

編集部には毛の長い大型犬がいますので、犬たちがブラッシングされている様子を屋根で見ていたカラスが、落ちた毛をちゃっかり拾って持ち帰っています。犬の毛などはかっこうの材料なのでしょう。

カラスは、いつ、どれくらい卵を産むの？

カラスは、いつ、どれくらい卵を産むの？

2月から7月あたりに4個から5個の卵を産みます。

ハシボソガラスは2月の終わりから3月のはじめごろ、ハシブトガラスは3月の半ばころから卵を産みはじめます。

カラスの卵は、灰色がかった青色（オリーブ色）をしています。ニワトリの卵より少し小さくて、ウズラの卵よりは大きいといったくらいの卵です。形はニワトリやウズラの卵と同じような形です。

メスのカラスが卵を温めます。およそ20日くらいで卵は孵化します。その間メスはずっと卵を抱いて、巣に座っています。

その間、オスはなにをしているかというと、メスにエサを運んでいます。

オスがメスにエサを運ぶ様子は、ハシブトガラスとハシボソガラスでは違うようです。巣の場所を知られるのを嫌うハシブトガラスは、巣から少し離れたところでオスはメスにエサを運んできたことを鳴いて知らせます。メスはオスの合図を聞くと、誰にも見つからないように巣を出て、枝の上でエサを受け取り、わざわざ遠回りするように巣に戻ります。

ハシボソガラスはオスが巣までエサを持って行くようです。

ちなみに、子育てをしていないときにオスとメスを区別するのは難しいです。

カラスの子は
どれくらいで
巣立ちするの？

カラスの子はどれくらいで巣立ちするの?

卵からかえって、およそ1カ月くらいで巣立ちます。

でも独り立ちするにはさらに2カ月、長いと半年くらいは親といっしょに過ごします。

親が卵を抱きはじめておよそ20日くらいでヒナがかえります。

生まれたばかりのヒナは羽毛が薄いのでメスが卵の時のように抱いています。エサはハシブトガラスのオスも巣まで運んで来るようになりま

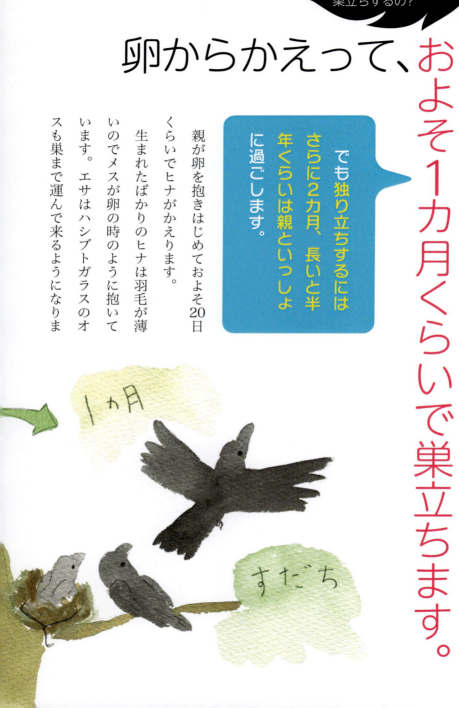

す。最初のころは1時間に1回程度、ヒナにエサを運びます。ヒナに羽毛が生えてくるとメスもエサを探しに巣を離れるようになります。このころには15分に1度くらいの割合でヒナたちはエサをもらいます。ヒナの真っ赤な口を見ると親はエサを与えたくなるようで、頻繁にエサを運びます。

卵からかえって1カ月ほど経つと、ヒナは巣立ちをします。完全に親から離れるのではなく、近くの枝にとまって親からエサをもらったり、巣に戻ったりを繰り返し、だんだんと外で過ごす時間が長くなり、数日経

つころには巣に戻らなくなります。

でもまだ独り立ちではありません。いくらか飛び回れるようになっても、親からエサをもらいます。そのうちに親をまねてエサをつつく動作をするようになります。巣立ちをしてから2カ月、長いと半年以上も親といっしょに過ごすようです。カラスの子は、ほかの鳥とくらべるとかなり長い間、親といっしょに過ごしています。

ハシブトガラスはだいたい8月ごろ、ハシボソガラスは秋の初めころに独り立ちをする子が多いようです。

カラスは
群れを作るの？

群れでくらしているのは若いカラスたちです。

子育てをしているオスとメスはなわばりを持ち、ペアでくらしています。

相手のいない若いカラスたちはなわばりを持たず、群れを作ってくらします。カラスが1羽だけでくらすことは、あまりないようです。

集団でくらすほうがエサが見つけやすい、天敵から身を守りやすいなど都合のよいことが多いのでしょう。

カラスは賢い
っていうけれど、
ほんと？

カラスは賢いっていうけれど、ほんと？

なにを賢いと思うか
にもよりますが、カラスは

記憶力も良いですし、道具を使ってエサを手に入れるという工夫をします。

だから、賢いと思います。

なにを賢いと思うかにもよりますが、他の鳥たちもエサをとるために、いろいろな工夫をしています。そういう意味では、カラスにかぎらず、どの生き物も賢いといえます。

そのなかでも「カラスは賢い」と多くの人から思われているのは、カラスの様子を身近に見ることができるからかもしれません。

たとえば、カラスがクルミを高いところから落として殻を割り、中身を食べる様子や、道路にクルミを置いて車にひかせて割る様子も何人もの人に見られているようです。

このように「自分の力をそんなに使わずに、硬いクルミの殻をどうすれば割ることができるのかを考えている」と思えるような行動を、多くの人が見ているから、「賢い鳥だ」と多くの人が思うようになったのではないでしょうか。

道具を作るニューカレドニアガラス

カラスが賢いといわれるエピソードのひとつに、ニューカレドニアに住んでいるニューカレドニアガラスのお話があります。

鳥のなかにも道具を使ってエサを獲るものはいます。たとえばガラパゴス島のキツツキフィンチという鳥は、細い枝やサボテンの棘などをくちばしでつまみ、木のなかにいる昆虫の幼虫を掘り出して食べます。

でもニューカレドニアカラスは道具を使うだけではなく、使いやすいように道具を作るのです。たとえば、木の穴のなかに幼虫を見つけて、獲ろうと長い枝を使うのはキツツキフィンチと同じです。でもまっすぐな枝では幼虫を掘り出せなかったとしたら？　ニューカレドニアカラスは枝先を少し曲げて幼虫を釣るように引っかけて、穴から掘り出すのです。

じまんの道具で
イモムシつり

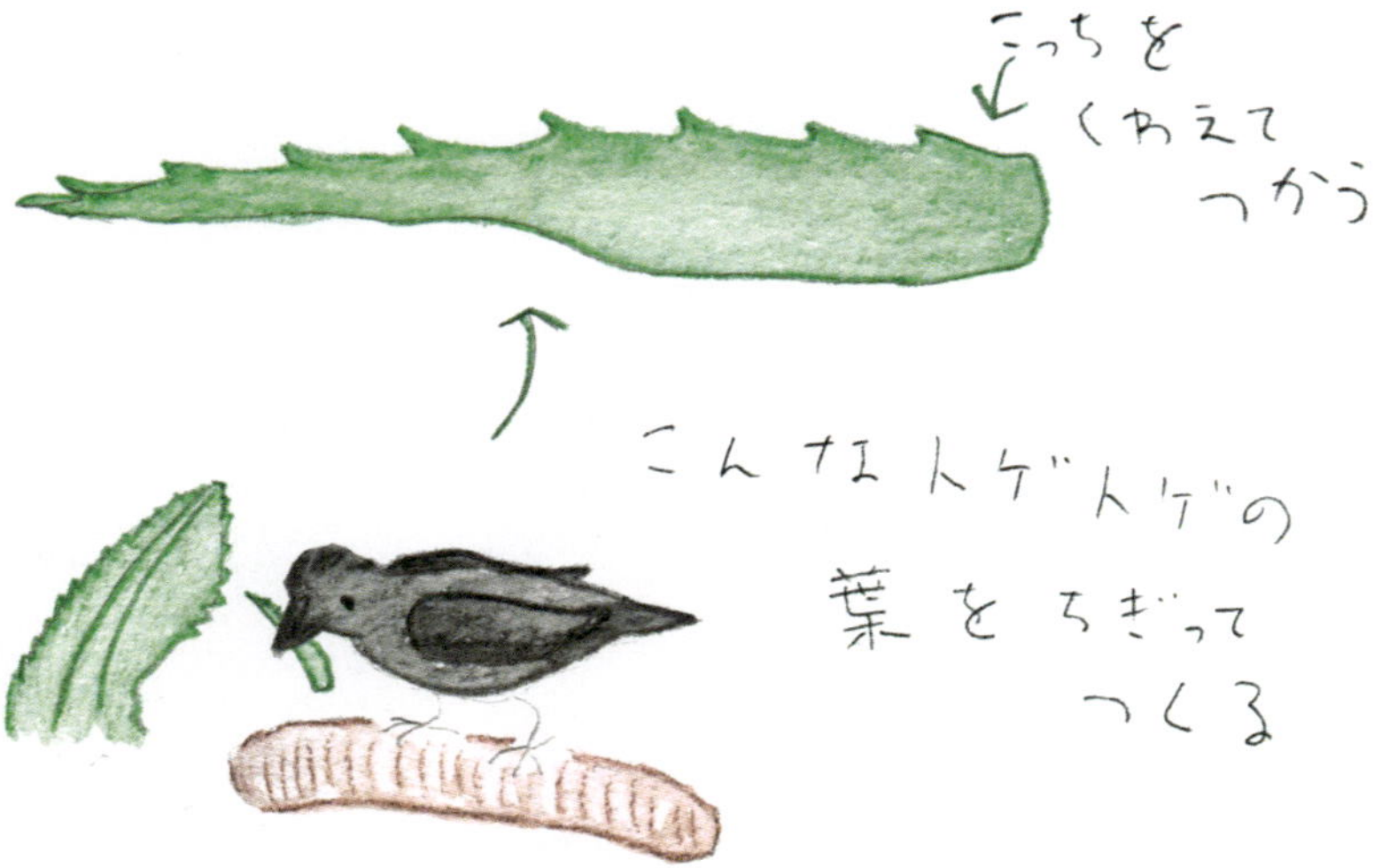
こっちを
くわえて
つかう
こんなトゲトゲの
葉をちぎって
つくる

さらに、使いやすく加工した道具は自分のものとして、とっておいて何度も使うそうなのです。

なんともおどろきです。道具を使いやすいように加工して、しかもとっておくなんて。やはり、カラスは賢いといえそうですね。

カラスは
集団で人を襲うの？

カラスは集団で人を襲うの?

そんなことはありません。

カラスは集団で人を襲う。そんなふうにいわれることが多いですが、実際にはそんなことはありません。

カラスという鳥はとても臆病な鳥なので、人が不用意に卵や雛のいる巣に近づきすぎた、など特別な理由がないかぎり襲ってくることはありません。

　その場合でもカラスは番（つがい）で子育てをするため、カラスの群れがいっせいに襲いかかってくるということはありません。じっさいにカラスに襲われたという報告が多いのは、6月から7月のようです。この時期はカラスの巣に卵や雛がいる時期なのです。
　カラスが守っている巣に人が不用意に近づきすぎた場合でも、カラスはいきなり攻撃をするのではなく、何段階かの威嚇を行います。ですから、人がカラスに襲われた、と思った場合でも、ほんとうは、カラスの近づくなというサインに気がつかず、巣に近づきすぎたためのことが多いようです。またカラスがただ、近くを飛んだだけという場合もあるようです。

column

カラスの威嚇の流れ。カラスは突然襲ってこない。

カラスの威嚇の流れを紹介します。カラスの声に注意すれば、カラスに襲われることはまずないでしょう。

まず、カラスは鳴き声によって威嚇を行います。いつもより激しく「カァカァカァカァ！」と鳴いている場合は巣に近づく人や他のカラス、その他の鳥などに警告をしているのです。

それでも巣に近づく場合は、後ろをついてきたり「ガラララ!」としゃがれた声で鳴き始めます。そのような威嚇をしても効果がないと判断すると、今度は枝などを叩いたり、折って捨てたりして存在をアピールします。

ガララララ
がらららららら
なきかたがかわる

多くの場合、この段階まで進んでも人はカラスに威嚇されていることに気がつきません。そうなると今度は、カラスは追い払いたい人の頭をかすめて低く飛んで威嚇します。この時は必ず後ろから。カラスは臆病なので、正面切って飛んでくることはありません。

えだをつついたり
おったりする

それでも巣に近づこうとする場合には、実際に頭を蹴られることもありますが、人とカラスは体重にして100倍近い体格差があるので、基本的にはカラスは人に近づきたくありません。蹴られた場合はよほど怒らせたか、怒りっぽいカラスだったのでしょう。

残念ながら多くの場合、人はこの段階で初めて威嚇に気づくので「何もしてないのに突然襲われた」と感じるのです。

カラスは人の顔を見分けられるってほんと？

カラスは人の顔を見分けられるってほんと?

ほんとうです。

とくに巣を覗いたり、カラスを追い払ったりすると

顔や服装を覚えて威嚇してくることがあります。

カラスを見るたび追いはらう人や、子育てしている巣の下をよく通る人など、**カラスにとって危険を感じる人の顔を覚えて、顔を見ただけで威嚇する**ことはあるようです。

またみてる。
あのひと とはちがうナ。

こんな話があります。

アメリカのワシントン大学で学生たちがキャンパスにいるアメリカガラスの生態調査をするために、捕まえては体重や大きさを測定していました。その後、放してやっていたのですが、カラスたちは調査をしていた学生たちのことを覚えていて、その学生たちをキャンパスで見かけるたびに、大きな声でないたり、威嚇したりしたそうです。しかも一度や二度ではなく、その学生たちが卒業するまで、そうした威嚇行動は続いたそうです。

カラスたちは、自分に危害を加えると感じた人の顔をしっかりと記憶し、他の人と区別しているといえそうですね。

カラスは
黄色が苦手なの?

カラスは黄色が苦手なの?

そんなことはありません。

カラスは黄色が苦手とまことしやかにいわれていますが、じつは黄色が苦手ということはありません。しかし、実際にカラス除けの目的で開発された黄色の半透明なゴミ袋は破られにくいといわれています。それはなぜでしょう？　それはカラスの視覚と関係があります。

鳥類の目には色を感じる細胞のほかに、紫外線を感じる細胞もあります。つまり、紫外線も見えるのです。

また、カラスは目でエサを探すため、色の情報と紫外線の情報も合わせて、それがエサかどうかを判断しています。カラス除けに使われる黄色の半透明なゴミ袋は、そこに着目して開発されたもので、紫外線をカットする顔料が入っています。このため、カラスには中に入っているものがエサかどうかわからないのです。ですから、すぐに中身の判る普通の半透明なゴミ袋から破って、エサを獲ることになります。

つまり、紫外線をカットするものであれば、黄色でなくてもよいのです。

黄色が苦手ではない証拠に、カラスは、黄色いネットがかかっていても平気で近寄りますし、もし中身のわからないゴミ袋しかなければ、とりあえず全部破って中身を確かめます。

カラスが黒いのは
どうして？

よくわかっていません。

日本でよく見かけるハシボソガラス、ハシブドガラスをはじめとして○○カラスと名前のつくカラスのなかまは黒い姿をしていることが多いです。それはなぜでしょうか。

カラスが黒い姿をしている理由としては、暗い森の中や夜の暗闇の中では黒い色が保護色になるという説や、黒い色で紫外線から身を守っているという説などさまざまな説がありますが、じつはまだどの説が正解なのかはよくわかっていません。

どうして
ボクは
黒いんだ？
？

昔から物語の中でも、オシャレ好きなカラスが自分の羽をいろいろな色に染めた結果、全ての色が混ざって黒くなってしまったという話や、もともと銀色だったカラスが太陽の神様の怒りを買って黒焦げにされてしまったという話など、カラスが黒いさまざまな理由が考えられています。昔からカラスは人の近くに住む、興味深い鳥だったのかもしれませんね。

カラスの行水
っていうけれど、
カラスは
水浴びするの?

カラスの行水っていうけれど、
カラスは水浴びするの？

水浴びは大好きです。

カラスの行水といえばお風呂が短いことのたとえですが、

実際のカラスは、羽根に付いた寄生虫や汚れなどを落とすため、よく水浴びを行います。からだを清潔に保つことは自然界で健康を保つために重要なことなんです。

ではなぜお風呂の短い例えにされたのでしょう。それは、人目の多い環境では、周りを警戒して、さっと飛び去る様子からきたのでしょう。

じつはカラスは安心できる環境だとしっかりと水浴びを行います。田んぼや河原でカラスが水浴びをしているのを見かけたら、カラスに見つからないように隠れてじっと見ていてください。入念に水浴びをするカラスが観察できるかもしれませんよ。

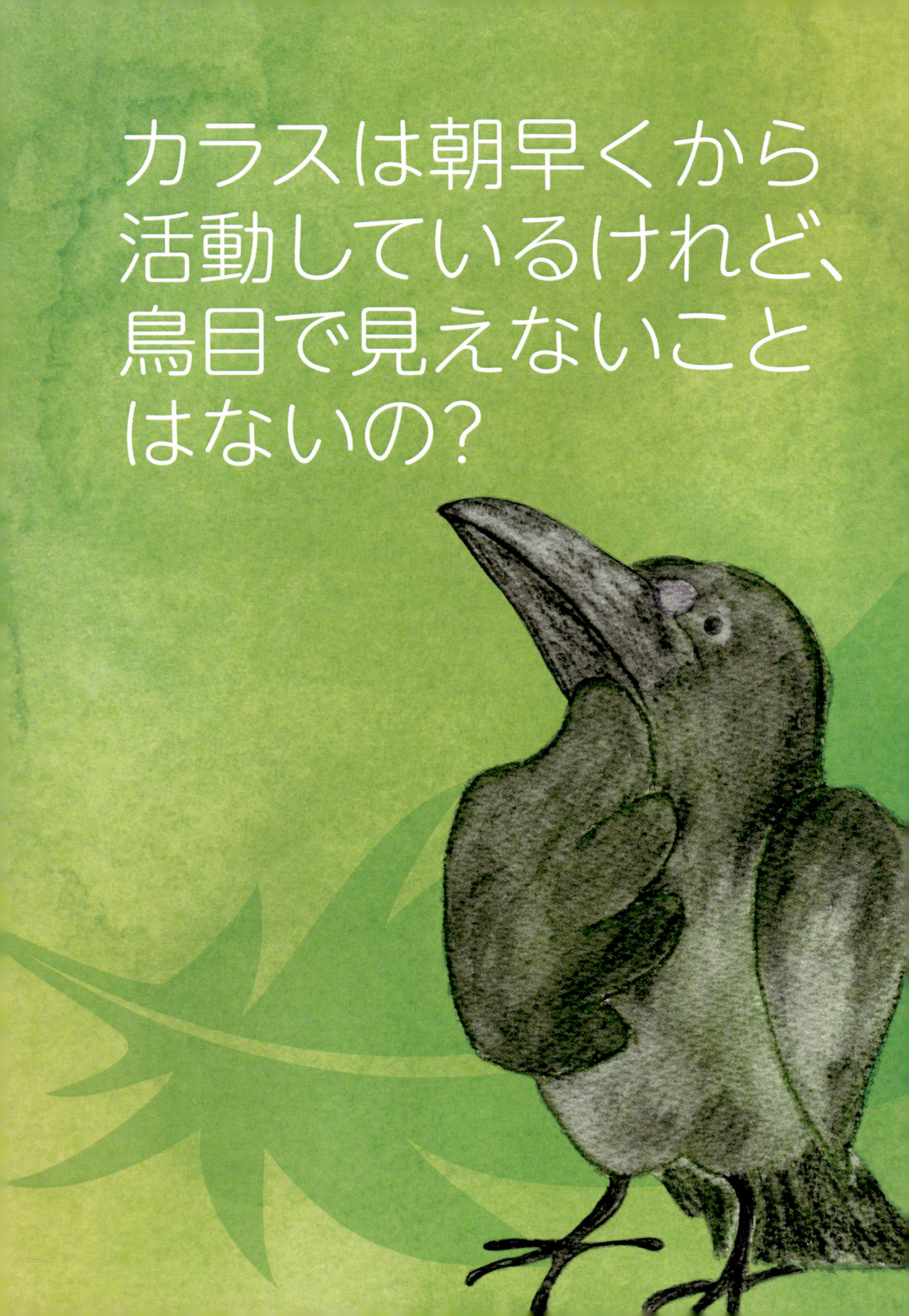
カラスは朝早くから
活動しているけれど、
鳥目で見えないこと
はないの？

カラスは朝早くから活動しているけれど、
鳥目で見えないことはないの？

じつは、カラスを含め多くの鳥は夜目がききます。

鳥目というように鳥は夜、目が見えないと思われがちですが、多くの鳥は暗いなかでも物を見ることができます。

カラスがおもに活動しているのは、多くの鳥と同じく昼間ですが、夜、暗くなってから、あるいは早朝のまだ暗いうちからでも活動することができます。

カラスにとって、早朝のまだ人が活動し始めていない時間帯は、人を警戒することなく街の中でエサを探すことのできる「都合の良い時間帯」なのです。

この時間帯にカラスはエサを探し、お気に入りの隠し場所に見つけたエサを隠していると考えられています。私たちが寝ている時間にせっせとご飯の準備をしていると思うと、いつも何をしているのかよくわからないカラスたちが少し働き者に見えてきませんか？

「鳥は夜目がきかない」といわれているのは、フクロウなど一部を除いて多くの鳥が昼間にしか活動しないことから生まれた誤解のようですね。

カラスは
ペットにできる?

飼育できないわけではないですが、それなりの覚悟は必要です。

カラスは賢く、人に慣れ、時に面白い行動をとる、とても興味深い生き物です。そんな生き物ですので飼ってみたいと思う気持ちは、とてもよくわかります。しかし、犬や猫などのように人と暮らすために品種改良された動物とちがって、カラスは野生動物ですので、それなりの覚悟がないと飼育することは難しいでしょう。

また、近くにいるからといって、野生のカラスをかってに捕まえてきて、飼育することは鳥獣保護法という法律で禁止されています。

子カラスが巣から落ちた場合でも、「かわいそう」だから保護したい、と思うかもしれませんが、持ち帰って飼育することはいけません。おそらく近くで親カラスがみているはずですから、近づくと親カラスに威嚇されることもあります。また傷ついている場合や、道路に落ちて危ないと思う場合は、すぐに自治体の鳥獣保護センターなどに連絡しましょう。

何らかの事情で飼育が可能になった場合のことを考えてみましょう。

カラスは賢い鳥だといわれていますが、やはり野生動物なので犬や猫のようにしつけをすることは難しいでしょう。そのため、飼育する場合でも、カラスの都合に人のほうが合わせなくてはいけないことも多いでしょう。また、寿命も飼育下では20年ほど生きるともいわれていますので、その間しっかりと愛情を注ぎ、責任を持って命を預からなければいけません。

カラスはもともと日本に居る生き物ですが、一度人馴れしてしまったカラスは自然界では生きていけません。手に余るから、と思っても「自然に返す」ことは無責任な行為です。やはり野生動物は自然のなかにいる姿を観察するのが一番ではないでしょうか。

カラスがゴミを荒らすのはなぜ？

食べ物を探しているのです。

カラスといえばゴミをあさる迷惑な鳥というイメージを持たれがちですが、カラスたちは人に迷惑をかけてやろうと考えてゴミをあさっているわけではありません。

街中でゴミ袋をひっくり返して、ゴミ捨て場を荒らしているカラスの多くはハシブトガラスです。

ハシブトガラスはもともと森の中で、生き物の死骸を食べて暮らしているカラスです。皮を破り、中の肉を食べます。それらの死骸はオオカミや他の肉食獣の食べ残しかもしれませんし、自然死した生き物かもしれません。そうした死骸をカラスは食べます。雑食性のカラスはスカベンジャー（掃除屋）なのです。

では、なぜ都会でゴミ袋を破り、なかのゴミを散らかすのでしょうか。それはハシブトガラスにとっては、生ゴミの入ったゴミ袋は、生き物の死骸と同じだからです。カラスにとっては、食べ物がビニール袋に包まれていようが、皮に包まれていようが、たいした違いではないのです。とくに、ゴミ袋の中に赤い物などが見えると、肉だと思い、そこを狙って破ることも観察されています。つまり、カラスはゴミ袋（皮）のなかの生ゴミ（肉）をエサだと考えているから、ゴミ袋を破るのです。

私たち人間にとっては食べられないただのゴミであっても、カラスにとっては食べられるエサなのです。カラスにゴミを荒らされないようにするためにも、なぜカラスが荒らすのかを考えた対応をするべきかもしれませんね。

カラスが街で
こんなに増えたのは
なぜ？

カラスが街で
こんなに増えたのはなぜ?

人がカラスを養ってしまっているからです。

街を歩いてみて、カラスを見かけない日はない、というくらい多くのカラスが日本の街を中心に暮らしています。

それはやはり、日本の街がカラスにとってとても暮らしやすい環境だからです。多くのカラスが生活するためには多くの食料が必要です。

その食料は何かといえば、繁華街や住宅地で毎日大量に捨てられている生ゴミや残飯です。皮肉なことに、ゴミを荒らしたり、夕方に群れたりして、多くの人に嫌われてしまっている街のカラスは、他でもない、私たち自身が養っているのです。

column

カラスとの上手な付き合い方。ゴミを荒らされないために

　現在、都市部などで、かなりの数のカラスが生息しています。それに伴って、ゴミ荒らしや糞、群れたカラスへの恐怖感など、人との問題も生じています。しかし、安易に迷惑だからといって、カラスをただ殺すだけでは根本的な解決にはなりません。一時的に数が減ったとしても、周辺のカラスが新たに入ってきたり、新たに生まれたり、すぐに元の数に戻っ

てしまいます。カラスが街で増えている原因は、カラスにとって、本来の住処である森や田園地帯よりも、街中のほうが住みやすいからです。つまり、街中はカラスにとっての環境収容力が大きいのです。

根本的な解決のためには、ゴミに被せるネットなどを利用したり、カラスが活動するよりも早くゴミを回収したり工夫をして、カラスが物理的にゴミをあされないようにするのが効果的です。

カラスとうまく付き合っていくためにも、カラスのことをよく知ることが大切です。

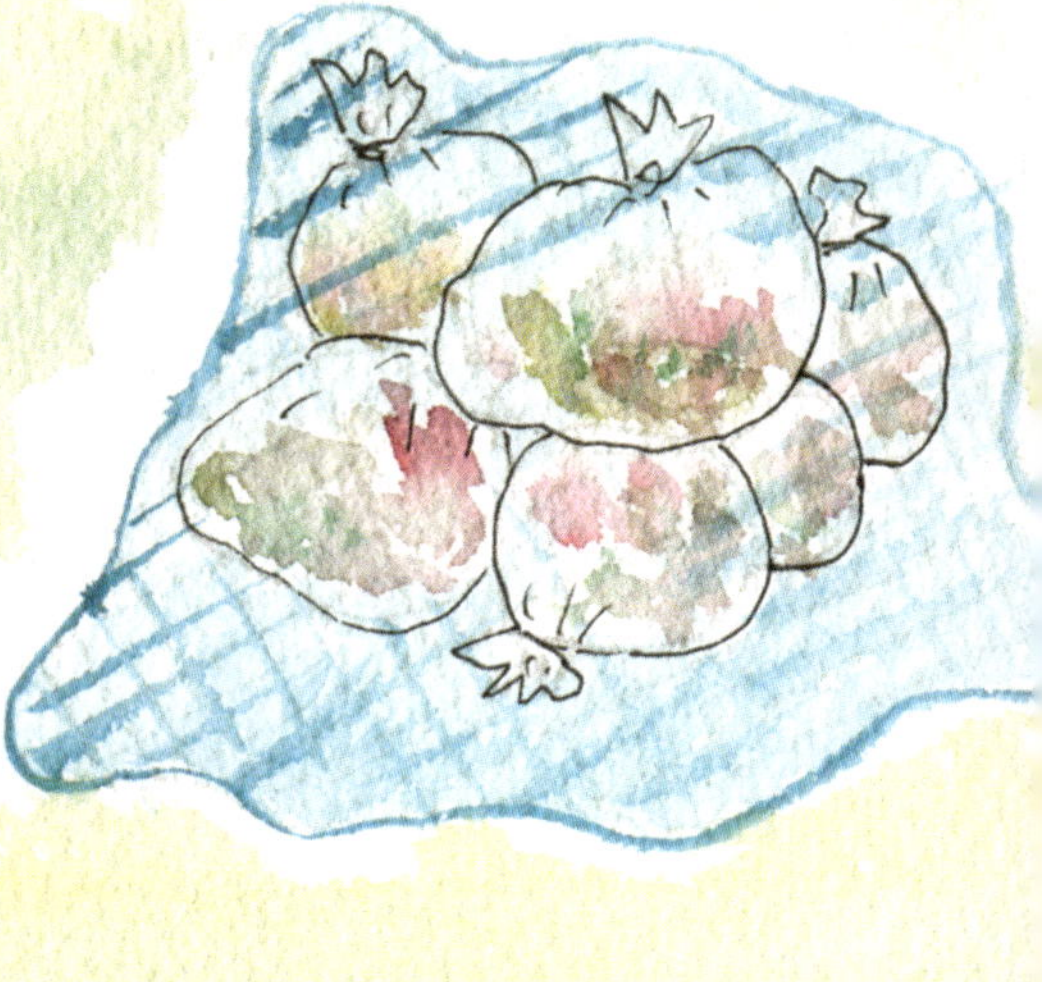

※ 環境収容力

ある場所でその生き物がどれくらいの数暮らせるかを計るめやすです。
環境収容力は、エサとなる食べ物の量と、それを取り合うライバルの数、そして、天敵の数によって決まります。

おわりに

おしえて編集室は京都市内のオフィスに加え、自然豊かな宮崎にもオフィスを設けました。もちろんカラスはどちらの街にもいます。

京都オフィスの近くにはハシブトガラスが毎朝街中へと飛び通うルートがあったようで、夕方になるとねぐらへと同じルートを通って戻っていました。小川の付近ではハシボソガラスが田畑や川辺でエサを獲り、秋には木の実をとっていました。

宮崎オフィスでもなじみのカラスができればいいなと思い、カラスを探しました。すぐに見つかりましたがハシボソばかりのようです。宮崎オフィスは大きな川の近くなので、生活圏としてはハシボソガラスが中心なのでしょう。

私たちが暮らす街の特徴によって、そこで暮らすカラスの種類は多少異なるでしょう。でも、カラスが見つけられないという地域はほとんどないだろうと思います。この本を読んで、少しカラスに興味が湧いたのなら、どうぞ、この本を片手に、近くを歩いてみてください。なじみのカラスができたとたん、カラスはとても魅力的な鳥になると思います。この本が、そして身近な鳥、カラスがあなたの自然への興味の扉を開くきっかけとなったのなら、これほど嬉しいことはありません。

参考文献

『BIRDER』文一総合出版　二〇一六　〇九

松原　始『カラスの教科書』雷鳥社　二〇一三

松原　始『カラスの補習授業』雷鳥社　二〇一五

松原　始　監修『カラスのひみつ』PHP　二〇一四

鎌田直樹　山田利菜　杉田昭栄『ハシブトガラスとハシボソガラスにおける最大突刺力と最大引張力』日本鳥学会誌　二〇一一　一九一-一九九

おしえてカラスさん

二〇一七年十一月三十日　初版発行

編　著　おしえて編集室

監　修　原田憲一　至誠館大学学長　理学博士

発行所　合同会社ヴィッセン出版

京都オフィス　〒六〇三-八〇〇二　京都市北区上賀茂神山二九七番地二

宮崎オフィス　〒八八〇-〇八五三　宮崎市中西町一八五番地七

info@wissen-publishing.com

発行人　前田　朋

編集・絵　前田皓明　／　とも

装　幀　小野晴美

ISBN 978-4-908869-03-7